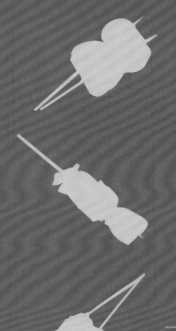

# 烤串江湖

日本柴田书店　主编

达　华　译

机械工业出版社
CHINA MACHINE PRESS

## 图书在版编目（CIP）数据

烤串江湖 / 日本柴田书店主编；达华译. — 北京：
机械工业出版社，2022.8
ISBN 978-7-111-71295-4

Ⅰ.①烤… Ⅱ.①日… ②达… Ⅲ.①烧烤 – 菜谱 –
日本 Ⅳ.①TS972.183.13

中国版本图书馆CIP数据核字（2022）第133710号

机械工业出版社（北京市百万庄大街22号　邮政编码100037）
策划编辑：卢志林　范琳娜　　责任编辑：卢志林　范琳娜
责任校对：张亚楠　张　薇　　责任印制：张　博
北京华联印刷有限公司印刷

2022年9月第1版第1次印刷
184mm×260mm · 7.5印张 · 154千字
标准书号：ISBN 978-7-111-71295-4
定价：58.00元

电话服务　　　　　　网络服务
客服电话：010-88361066　机 工 官 网：www.cmpbook.com
　　　　　010-88379833　机 工 官 博：weibo.com/cmp1952
　　　　　010-68326294　金 书 网：www.golden-book.com
封底无防伪标均为盗版　机工教育服务网：www.cmpedu.com

# 前　言

　　"猪杂串"是以猪杂为原料的烤串，其形式与烤鸡肉串相似。自古以来，在东京下町地区（历史上平民聚集的商业区），烤猪杂串就很受欢迎，这十年来相关店铺的数量有了显著增加。之前光临烤猪杂串店的几乎都是当地的男性顾客，给人一种不是很整洁的刻板印象。然而，近些年来许多烤猪杂串店不仅做到了干净明亮，甚至还可作为约会的场所，可以说是十分时尚。与此同时，许多年轻人也经常造访烤猪杂串的店铺。

　　另一方面，"烤串"领域也有了新的发展。近年来最值得一提的趋势便是"蔬菜烤串"的流行了。根据普遍的说法，"蔬菜烤串"是用猪肉包裹蔬菜烤制而成，起源于福冈（博多地区）。

　　在本书的第一部分，我们与两家广受欢迎的烧烤店合作，以图文并茂的形式介绍了不同部位的食材准备、穿串儿、烤制等环节的技巧。第二部分除了介绍蔬菜烤串等博多烤串以外，还介绍了广受关注的牛肉串、创意串之类的人气烤串店的菜单及其烹调技术。

　　除了经营烤串店的相关人士，希望那些正在考虑进军这一行业的餐饮业人士也能通过本书学到专业的技术。

柴田书店书籍编辑部

Contents

# 目 录

前言

封面·正文设计 / 长泽钧+池田光

封面·正文插图 / ENN GAWA

摄影 / 中村聪美、上仲正寿（牛肉串 吉村）、中村YUKINO（串烧 博多松介）

校对 / 安孙子幸代

编辑 / 石田哲大

# 第一部分

## 各部位 烧烤的技术

### ～ 从准备食材、穿串儿到烤制 ～

# 烤串的 基本技巧

## 准备食材

为确保烤制出美味的串烤猪杂，最为关键的就是要买到新鲜的肉类，并提前处理好食材。最好是买当天早上宰杀的牲畜，退而求其次，至少也要买前一天生产的肉制品。此外，一定要确保食材的卫生，并且商家能帮你初步处理好食材。商家采购猪杂后，会把白猪杂（肠胃之类）用热水煮开，以去除猪杂的臭味（见右图）。另外，商家通常会帮忙去掉肉的筋膜等影响食材口感和味道的部分，确保食材的品质。

按厚度排列

越往上越厚

调整重心

## 穿串儿

穿串儿要对着肉的纤维，垂直地穿进去，这是基本原则。加热后肉的形状会顺着纤维的方向变化，因此平行着穿串儿的时候，上下的肉块之间要留有间隙。此外，穿串儿时一定要注意"调整肉块的重心"。重心不稳的话烤制过程中串儿会摆动，导致火候不均。为了避免受热不均，还要保持肉块厚度的一致。另外，还要注意肉块的大小要从下往上逐渐增大。这样既能保证第一口吃到的最为满足，也是因为通常而言烧烤架子越靠近人的部分火力越弱，穿串儿的时候底下的肉块小一点，能保证烧烤时火候的均匀。

## 火候

最好是用炭火来烧烤。炭火和其他加热源不同，它是通过热辐射来加热物体的。物体吸收远红外线后，表面温度会升高，物体表面的迅速升温产生了烧烤的效果。用炭火烧烤还能使得肉块附有熏香。实际炭烤过程中，表面（炭火烧烤的一面）变色后要注意及时翻转，通过数次的翻转保持均匀受热，别烤焦了。当然根据个人口味，可以对不同部位采取不同的烧烤火候。熟能生巧，希望你能掌握烧烤的火候要领。

# Yakiton ZABU

通过小串和肉葱串吸引女性顾客的高端路线

● **常规菜单**（部分）

猪肝

猪舌

猪心

猪颊肉

猪喉肉

直肠

猪肠

猪脾

软骨

猪肚……………均售 220 日元⊖

\* 商品内容和价格截至 2018 年 12 月

● **原料采购**

从芝浦屠宰场附近的东京·品川精肉店采购当天早上宰杀的猪肉、猪杂。由店主铃木佑三亲自到肉店采购优质原料。

## ZABU 的风格

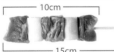

— 10cm —

— 15cm —

### 面向女性顾客提供小串，采用千寿葱，余味轻柔

ZABU 家的烤串基本上用的是 30g 肉，加上葱总共 45g 重，这种小串考虑到了女性顾客的需求。烤串主要采用的是红肉（消化器官以外的肉），肉中间夹着葱，也就是通常所说的"肉葱串"，目的在于让顾客品尝时产生"轻柔"的口感。使用了能让人感觉到些许甜味的"千寿葱"（如照片所示）。串的顶部采用的是甜味较浓的葱白部分，而底下用的是辣味更浓的葱青⊖（如图），目的是为了让顾客在吃完一串后能有淡淡的回味。

### 多翻转几次，一会儿就烤好了

串的尺寸小，厚度薄，因此要在短时间内烤好。表面（接触炭火的一面）一旦略微有烤焦的颜色后就要翻面了，同时还要注意别把肉烤得太硬，要用大火，多翻转几次，短时间内把串烤好。虽然不同部位烧烤的时间不同，但大致需要 5 分钟左右。通过快速烘烤，烤出来的串鲜嫩多汁。另外，根据烤架的大小，多使用小块的纪州备长炭（直径 2~3cm）。

通常来说红肉用盐烤，白肉（消化器官等）要刷酱汁。盐烤的情况下，在烤串即将出炉前用刷子刷上柠檬汁，会让它的口感更加清爽。另外，为了让吃到的第一口给人最强烈的味觉冲击，从手持一端（串的底端）到末端（串的顶端），盐的用量要逐渐增大。酱汁（右图左）的做法是：在煮开的日本清酒和红葡萄酒中加入酱油和 3 种砂糖，属于口感比较清爽的类型。采用酱汁烤制过程中会加入花椒粉，味道十分独特。

### 以柠檬汁增加清爽口感，刷酱汁时加点花椒粉会有大不同

---

⊖ 译者注：1 日元 =0.05387 人民币，汇率为 2022 年 3 月 15 日成交价。

⊖ 葱青为葱白与葱叶的连接处，即葱的叶鞘。

# ABURI 清水

有嚼劲的大串。
1 串 140 日元 ~ 以性价比打动顾客 ~

● 常规菜单（部分）

| | | | |
|---|---|---|---|
| 前猪舌串 | …380 日元 | 猪肠 | ……140 日元 |
| 网油猪肝 | …210 日元 | 烤三明治 | …140 日元 |
| 网油猪心 | …210 日元 | 烤膈肌 | …140 日元 |
| 网油猪脾 | …210 日元 | 五花肉 | …140 日元 |
| 煎猪肝 | …210 日元 | 猪颈肉 | ……140 日元 |
| 猪肝 | ……140 日元 | 软骨 | ……140 日元 |
| 猪舌 | ……140 日元 | 猪脾 | ……140 日元 |
| 猪颊肉 | …140 日元 | 喉软骨 | ……140 日元 |
| 猪心 | ……140 日元 | 腱肉 | ……140 日元 |
| 直肠 | ……140 日元 | | |

\* 商品内容及价格截至 2018 年 12 月

● 原料采购

从群马县的卖家处，采购前一天屠宰并细心处理好的"上州猪"的各个部位。白肉买的都是煮好的，也会采购了一些稀少的猪杂部位。

## ABURI 清水的风格

越顶端肉块越大

### 最大的串有 60g，串的形状基本上是倒三角形

ABURI清水家的烤串基本上是大串，"前猪舌串"一串55~60g，其他串也大部分以50g为基准。他们家的烤串除了味道以外，分量也是一绝。串是越往顶端肉块越大，除了火候原因外，还有让顾客吃到第一口肉时口感冲击最强烈的目的。

猪唇

腱肉

### 积极推销稀有部位的烤串，还推出了"网油系列"的 3 种烤串

除了经典产品以外，店里还推出了"腱肉（猪小腿肉）""猪唇肉""猪乳（乳房肉）"3 种较为少见部位的烤串，加入到了常规菜单中，引起消费者的好奇心理。此外，店家还推出了3 种用脾脏表面的网油包裹肉串的"网油系列"烤串，分别是"网油猪肝""网油猪心"和"网油猪脾"。在减少食材浪费的同时，达到了增加商品附加价值的目的。

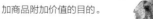

网油猪肝

### 给烧烤架子铺上铁丝网再开烤，烧烤时多调整几次烤串的方向

火候通常要用大火，烤至散发肉香，即完成。由于店里的肉串规格较大，火候很难到达串儿的中心位置。因此，通过在烤架上铺上铁丝网提高烧烤效率（如上图），同时烧烤过程中不时地翻转烤串，让串儿的顶端对着自己（如下图右），也可以把串儿立起来（如下图左），保证串儿的顶端和底部的火候均匀。

# 不同部位的烧烤技术

| 部位 | ZABU | | ABURI 清水 | |
|------|------|------|------|------|
| ● 猪舌 | | 14 页 | | 15 页 |
| ● 猪颊肉 | | 17 页 | | 18 页 |
| ● 猪心 | | 20 页 | | 22 页 |
| ● 猪肝 | | 24 页 | | 25 页 |
| ● 横膈膜 | | 27 页 | | 28 页 |
| ● 猪脾 | | — | | 30 页 |
| ● 软骨 | | 32 页 | | 34 页 |
| ● 猪肠 | | 36 页 | | 36 页 |
| ● 猪直肠 | | 41 页 | | 42 页 |
| ● 猪腱肉 | | — | | 44 页 |
| ● 猪乳 | | 46 页 | | — |
| ● 猪唇 | | | | 48 页 |
| ● 猪脑 | | 50 页 | | — |

# 猪肉各部位对照图

猪身上最受欢迎的部位，吃完治愈你的心情！
························································

# 01 〔 猪舌 〕〔舌〕

不论男女老少都爱吃这个部位。

口感爽脆是它的特征，特别是猪舌的前半部分，相信吃完一定能治愈你的心情。

另外，舌根的部分富含脂肪，口感饱满。有些店还在菜单里单独列出"猪舌根"售卖。

**各家店铺的秘密做法**

● ZABU
· 切好后烤一小会儿
· 挤上些许柠檬汁

● ABURI 清水
· 切成倒三角形穿成串儿
· 单独售卖前半部分猪舌，即"前猪舌"

## 准备食材·切肉

**1** 切掉口感较硬的猪舌尖。猪舌尖可用于肉丸的制作。

**2** 用刀切掉附着在表面的筋膜。

**3** 切掉猪舌根附近的筋膜。

**4** 切掉下猪舌。

**5** 用刀剔掉筋膜。

**6** 先竖切成两等份，再按串的大小切成小块。

**7** 再片成（横切）厚度1cm的肉块。

**8** 下猪舌也片成厚度1cm的肉块。

## 穿串儿

**9** 按照猪舌（小块）、葱（葱青）、下猪舌的顺序串好。

**10** 为了让葱和猪舌的高度保持一致，可以在穿串儿的过程中适度按压肉块。

**11** 接下来按葱（葱白）、猪舌（大块儿）的顺序穿串，完成造型。

## 烤制

**12** 烤制前肉与葱之间保持一定的间隙，保证受热均匀。

**13** 放到烤架上，撒上盐。大火多翻几次面，在短时间内烤好。

**14** 烤至肉的表面焦黄、葱也变焦后刷上柠檬汁。

**15** 撒上花椒粉，装盘。

成品图

## 准备食材·切肉

1 切掉猪舌根（下猪舌）。

2 将三根手指宽度（5~6cm）的根部切掉。

3 切掉猪舌尖。

4 竖切成两等份。

5 切成厚度1cm的肉块。

## 穿串儿

6 从下到上依次穿串，肉块越往上越大。

从下往上呈展开状

7 完成穿串，用手指调整一下形状。

8 用刀切掉侧面多余的肉，保证整体是倒三角的造型。

## 烤制

大火烤制

9 放到烤架上，撒上盐。用大火烤，待肉的表面有些许焦黄色后就可以翻面了。

10 多次翻面，火候差不多了就把串前后倒转过来，以保证受热均匀。

成品图

老少皆宜的美味红肉

# 02 猪颊肉 〔颊肉〕

猪颊肉虽然分为"脸颊肉"和"太阳穴肉"，但通常都被统称为"猪颊肉"。虽然归类到"猪杂"类别，但猪颊肉吃起来很有嚼劲，是十分美味的红肉，相信那些吃不惯烤猪杂的人以及讨厌吃内脏的人也能爱上。

要点

● ZABU

·为了保证受热均匀，多翻面

·撒上盐，刷上柠檬汁，提升清新口感

● ABURI 清水

·从下往上肉块分量逐渐增大

·大火烤至焦黄

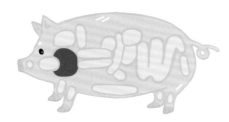

## 准备食材·切肉

1 用刀剔除猪颊肉表面的筋膜。

→ 用于"猪颊筋"的制作

2 切下来的筋膜可以用于"猪颊筋"的制作（见本页下方）。

3 切成宽 2cm 左右的肉块。

4 片成 7~8mm 厚的肉片。

## 穿串儿

5 按照垂直于肉块纹路的方向，捏着肉块开始穿串。

6 加入葱青段，继续穿串儿。

7 接着按照肉块儿、葱白、肉块儿的顺序穿串儿。

肉和葱在一个高度

8 从侧面来看，肉和葱的高度基本一致。

## 烤制

9 烤制前肉与葱之间保持一定的间隙，保证受热均匀。

10 放到烤架上，撒上盐。大火多翻几次面，在短时间内烤好。

11 烤至肉的表面焦黄、葱也变焦后刷上柠檬汁。

### 猪颊筋

1 将猪颊肉上切下来的筋膜切成宽 3cm 左右的小块儿。注意要切成一口大小的卷状肉块，然后开始穿串儿。

2 撒上盐，频繁地翻面，烤至肉变焦黄，刷上柠檬汁。

成品图

成品图

### 准备食材·切肉

1 将猪颊肉切成便于处理的形状。

2 切掉肥肉。

3 剔除表面附着的筋膜。

4 切成宽 3cm 左右的小块。有筋膜的部分记得切掉。

5 切成一口大小的肉块。

### 穿串儿

6 最开始要按垂直于小肉块纹路的方向穿串儿。

7 保持方向不变，逐渐增大肉块的大小。

8 调整肉块间的间隙及串的形状。

### 烤制

9 放到烤架上，撒上盐，大火烤制。

10 肉的表面焦黄后翻面。之后重复翻面四五次。

11 用手按压后有弹性即表示已经烤好了。

成品图

独特的爽脆口感

# 03 猪心 〔心脏〕

因为是纤维肉质，猪心有着独特的爽脆口感。猪心和猪肝相比异味较小，更容易被人接受。心脏和动脉相连的部分称作"猪心根"，店里也有售卖。一头猪只有300g左右的猪心。

### 要点

● ZABU
· 为保证火候到位，频繁翻面
· 酱油味的"猪心根"

● ABURI 清水
· 认真剔除筋膜
· 表面烤至焦黄

## 准备食材·切肉

**1** 切掉与动脉相连的部分（用于"猪心根"的制作，见第21页）。

**2** 分离心室（厚的部分）与心房（薄的部分）。

**3** 用刀尖小心地剔除心室的血管和筋膜。

**4** 切掉顶端较硬的部分。

**5** 切成宽2cm左右的肉条。

**6** 切成厚1cm左右的肉块。

**7** 心房也切成同样大小的肉块。

**8** 片成厚1cm左右的肉片。

## 穿串儿

**9** 垂直于肉块的纹路，将心室的肉块穿成串。

**10** 穿上葱青。

**11** 接着穿上心房、葱白、心室的肉块。

## 烤制

**12** 放到烤架上，撒上盐。

**13** 肉的表面些许变焦黄色后翻面。

**14** 之后频繁翻面，保证火候均匀。

**15** 肉的表面变硬后完成烤制。刷上柠檬汁、撒上花椒粉提味。

**成品图**

**猪心根**

1 将猪心根切成宽 2cm 的肉条。

2 切成一口大小。

3 将卷状肉块穿成串。

4 结束穿串。

5 放到烤架上，撒上盐。肉的表面稍微呈焦黄色后翻面。

6 之后再频繁地翻面，烤至肉完全呈焦黄色后刷上酱油，完成烤制。

成品图

**准备食材·切肉·穿串儿·烤制**

1 切掉与动脉相连的部分，切掉顶端较硬的部分（如图所示）。

2 横切掉表面较硬的部分。

3 小心地剔除筋膜。

4 切成宽3cm左右的肉块。

5 切成一口大小的肉块，垂直于肉的纹路穿成串。

6 放到烤架上，撒上盐。翻面四五次，完成烤制。

成品图

# 04 猪肝 〔肝脏〕

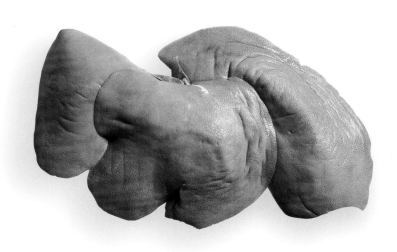

猪肝和牛肝相比味道更重，但很多人就喜欢这个味道，是烤杂碎店的人气招牌菜。猪肝的营养价值很高，特别是富含维生素 A。无论是盐烤还是刷酱汁烤都好吃，还可以洒上芝麻油，是一道容易做出特点的特色菜。

**要点**

● ZABU

- 烤得很快，似乎只有表面是烤熟的
- 提供两种口味："盐味＋芥末"和"酱汁＋胡椒"

● ABURI 清水

- 提供用网油卷着的"网油猪肝"

## 准备食材·切肉

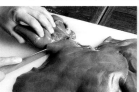

1 将猪肝切成一瓣一瓣便于处理的形状。注意尽量不要接触切口的部分。

2 找到表面浮现的筋膜并切掉。

3 切成宽 2cm 左右的肉块。

4 竖切，均分成高 2cm 的小条。

5 最后切成宽 1cm 的肉块。

## 穿串儿

6 垂直于肉的纹路，开始穿成串。

7 穿完后再调整一下，保证肉块不会堆积在一起。

## 烤制

8 盐烤口味的烤串，把肉串放在烤架上，撒上盐。

9 用大火烧烤，肉的表面变色后迅速翻面。

10 之后也要频繁翻面，避免烤得太焦。

11 酱汁口味的烤串，不要撒盐，而是刷两遍酱汁后装盘，撒上花椒粉。

成品图

盐烤

酱汁烤

## 准备食材·切肉

1 将猪肝切成一瓣一瓣便于处理的形状。

2 调整肉的高度，避免穿串时肉块大小不一。

3 用刀切开一个口子，剔除筋膜。

4 切掉顶端的筋膜和较硬的部分。

5 两个侧面也做同样的处理。

6 切成宽 3cm 的肉块。

7 切成一口大小的小块。

## 穿串儿

8 垂直于肉的纹路开始穿成串。

9 穿完以后调整一下肉的形状。

## 烤制

10 放到烤架上用大火烤制。肉的表面略有焦黄色后及时翻面。

11 多次翻面，整体变成焦黄色后将肉串浸入酱汁两次，完成制作。

成品图

### 网油猪肝

1 铺开脾脏上附着的网油，在适当长度处切断。

2 将穿好的猪肝串用网油缠绕3 圈左右。

3 从串儿的上端切断网油。

扎在扦子的顶端

4 剩余的网油缠绕在串尖处并固定。

成品图

多汁的肉感是其魅力所在

······························

# 05 横膈膜 〔猪隔肌〕

猪肉的横膈膜没有牛的那么大，因此没有"近背横膈膜"和"近肋骨横膈膜"的区别。通过剥除油脂、适当处理后，横膈膜就能变得鲜美多汁。横膈膜与猪颊肉都是"肉感饱满"的部位，广受食客欢迎。

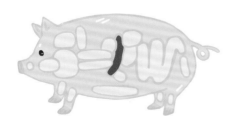

要点

● ZABU

· 破坏肉的纤维后再穿成串、小火慢烤

● ABURI 清水

· 保留所有油脂，保证多汁的口感
· 用狮头辣椒⊖作为原料

---

⊖ 译者注：狮头辣椒为日本品种，可用绿色小米椒或杭椒代替。

## 准备食材·切肉

1 拿刀按压在肉的根部，用手扯着撕开横膈膜。

2 背面也是同样的操作。

留下油脂

3 小心地切掉剩下的筋膜、油脂块，留下适量的油脂。

4 切成宽 2cm 的小块。

## 穿串儿

5 垂直于肉的纹路方向，捏着横膈膜开始穿串。

6 穿上葱青。

7 再按照肉、葱白、肉的顺序继续穿串。

8 穿好后，在案板上压一压，调整一下形状。

## 烤制

9 放到烤架上，撒上盐，大火烧烤。

10 横膈膜很容易烤焦，注意及时翻面。

11 频繁翻面，直至表面烤至焦黄色。

12 撒上胡椒粉，制作完成。

成品图

## 准备食材·切肉

1 用手撕开横膈膜，留下所有的油脂。

留下油脂

2 将表面的筋膜用刀剔除，留下油脂。

3 切成宽 3cm 的肉块。

## 穿串儿

4 将薄的部分卷成波浪形，穿好。

5 去掉狮头辣椒的蒂后，切成两半，穿在串上。

6 接着依次穿一个卷状的薄横膈膜、狮头辣椒、两个较厚的横膈膜。

## 烧制

7 放到烤架上，撒上盐，大火烤制。

8 表面有焦黄色后翻面。由于顶端部分较难接触到炭火，可以将串立起，保证火候到位。

9 依次翻烤肉串的四面。

10 等整个肉串都呈现出香脆诱人的焦黄色后，完成烤制。

成品图

**将表面的网油也用在串上**
∙∙∙∙∙∙∙∙∙∙∙∙∙∙∙∙∙∙∙∙∙∙∙∙∙∙∙∙∙

# 06 （猪脾） 〔脾脏〕

猪脾类似于猪肝，异味较大，口感也很像。火烤后口感容易偏硬，但如果能把表面附着的部分网油一起用在串上的话，就能让口感变得多汁鲜美。

要点

● ABURI 清水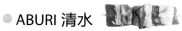

∙提供口味较重的酱汁味烤串
∙用狮头辣椒作为原料之一

## ◀ 准备食材·切肉

1 切掉附着在猪脾上多余的网油。网油可用于"网油猪肝"（第 25 页）的制作。

2 切掉顶端较硬的部分。

3 另一侧也做同样的处理。

4 切掉两端较硬的部分。

5 切成 3cm 宽的肉块。

6 较宽的部分先竖着切成两半。

7 切肉完成。

## ◀◀ 穿串儿

8 带肥肉的那一面朝上，穿两块肉，接着穿半个去蒂的狮头辣椒。

9 按照猪脾、狮头辣椒、猪脾的顺序穿成串。

## ◀◀◀ 烤制

10 放到烤架上，大火烤制。

11 表面变成焦黄色后翻面。

炭火无法烤到的部分

12 为保证串的底部也能均匀受热，烤制过程中可以改变几次烤串的上下位置。

13 整个烤串都变成香脆诱人的焦黄色后，将烤串浸入酱汁。

14 再把烤串放到烤架上，两面烤制后刷上酱汁。

15 最后再把烤串浸入酱汁，取出后装盘。

成品图

各种器官的集合体

# 07 软骨 〔软骨〕

通常将喉结到气管的部分称作"软骨"，但有的烤串店的烤软骨也包括气管底下的动脉和食管。也有的店的菜单里把声带叫作"猪喉"，气管叫作"猪气管"，还有的店里把这两个部位混杂在同一个串里，软骨可以说是一道很有特色的烤串菜肴。

**要点**

● ZABU

·共提供 3 种部位的软骨串
·通过盐或者柚子醋增加清爽的口感

● ABURI 清水

·单独采购喉部软骨
·烤至香脆，口感上佳

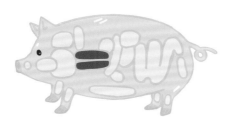

### 🔷 准备食材·切肉

1 切掉气管和气管前侧的软骨。

2 用刀插入软骨肉内，切开软骨。

3 切开的状态。

4 用刀剥离气管周围的肉。

5 用大拇指插入气管，扯开气管。

用于红肉软骨的制作 Ⓐ

6 扯开的状态。

7 用刀切掉气管周围的肉 Ⓑ。

8 切掉肉后的气管。

9 切掉气管的根部 Ⓒ。

10 将气管分成两等份 Ⓓ。

11 用刀剔除附着的筋膜，细的血管也要切掉。

12 切成宽 2.5cm 的小块 Ⓔ。

### 🔷 穿串儿

13 穿 1 块 Ⓔ 部分。

14 再穿 1 块 Ⓓ 部分。

15 接下来穿 1 块 Ⓒ 部分。

16 最后穿 3 块 Ⓔ 部分的肉。

### 🔷 烤制

17 放到烤架上，撒上盐。大火快速烤熟。

18 多翻几次面，整体变成焦黄色后淋上柚子醋，装盘。

成品图

## 气管软骨

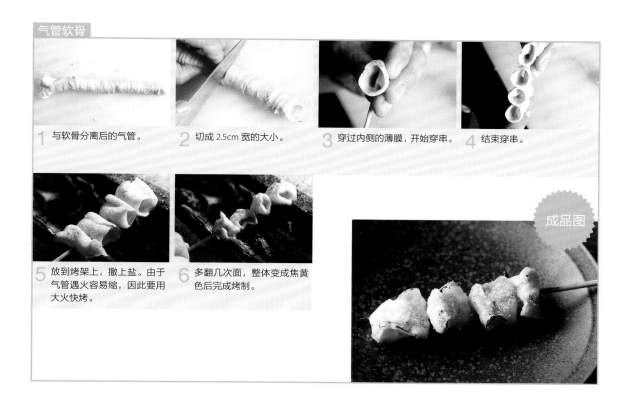

1 与软骨分离后的气管。

2 切成 2.5cm 宽的大小。

3 穿过内侧的薄膜，开始穿串。

4 结束穿串。

5 放到烤架上，撒上盐。由于气管遇火容易缩，因此要用大火快烤。

6 多翻几次面，整体变成焦黄色后完成烤制。

成品图

## 红肉软骨

1 将从气管切下来的软骨 Ⓐ 用刀根（靠近刀把的部分）敲打。

2 切成一口大小。

3 穿 1 块软骨，再以卷状形式穿上从气管横切下来的 Ⓑ 部分肉。

4 最后再穿上软骨。

5 放到烤架上，撒上盐，多翻几次面，大火烤制。

6 烤至焦黄色后取下。刷上柠檬汁，装盘。

成品图

## 准备食材·切肉·穿串儿

1 准备喉部软骨（猪喉）。

2 切掉顶端较硬的部分。

3 分成两等份。

4 以波浪形穿成串。

5 调整肉的朝向，从下到上肉块依次变大。

6 穿串结束。

## 烤制

7 放到烤架上，撒上盐，用大火烤制，烤成焦黄色时及时翻面。

8 翻面三四次烤至香气四溢。

成品图

"肠系列"的总称。一般采用酱烤。

# 08 猪肠 〔大肠、小肠等〕

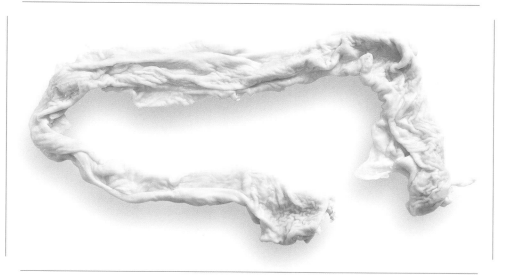

图示为小肠

小肠、大肠与盲肠在日本一般统称为
"白肉"（消化器官），虽然不同的
烤串店用到的部位有所不同，但大多
数烤猪杂店用的是小肠和大肠。

由于这部分材料有较大异味，需要提
前处理。多采用酱烤形式。

要点

● ZABU

· 使用较薄部分的直肠

● ABURI 清水

· 采购提前煮好的小肠
· 提供厚的部位"三度"

**准备食材・切肉・穿串儿・烤制**

1 使用处理好（参考第41页）的较薄部分的直肠。切成宽3cm的小块。

2 卷起来后开始穿串。

3 结束穿串。

4 放到烤架上，用大火烤制。呈焦黄色后翻面。

5 多翻几次面，两面都烤好后浸入酱汁。

6 烤串再上烤架，再次烤焦后继续浸入酱汁，最后装盘。

成品图

---

ABURI 清水

**准备食材・切肉・穿串儿**

1 采购提前煮过的猪肠，再用热水煮15min即可。

2 放入冰水中洗净猪肠，去除黏液。

3 将刀插入小肠的顶部。

4 分离上下部分的小肠，保证上下部分油脂的量基本一致。

5 翻面，将刀伸入底端较薄的部分。

6 分开较薄部分与较厚部分。

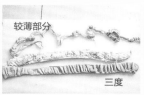

较薄部分

三度

7 完成切割。厚的部分穿串时夹上油脂层，也就是店里的"三度"烤串。

8 切成一口大小。

9　卷起来后穿成串。

10　最后再将猪肠的最后一小节扯开穿在串尖。

1　将第6步分离下来的较厚部分油脂向内叠起。

2　切成宽1.5cm的小块。

11　用刀切整齐，防止烤焦。

3　夹着油脂把叠起来的猪肠穿成串。

4　结束穿串。

## 烤制

12　放到烤架上，大火烤制。

13　表面烤至焦黄色后翻面，为保证火候均匀，可以上下翻转。

5　放到烤架上，大火烤制。呈焦黄色后翻面。

6　翻面三四次，直至两面都呈焦黄色。

14　整体呈焦黄色后，浸入酱汁。

15　刷好酱汁后再放到烤架上，最后烤好后再浸一遍酱汁，装盘。

7　两面烤好后，浸入酱汁。

8　刷好酱汁后再放到烤架上，最后烤好后再浸一遍酱汁，装盘。

成品图

成品图

## 猪肠中肉最厚的部位

# 09 〔猪直肠〕 〔直肠〕

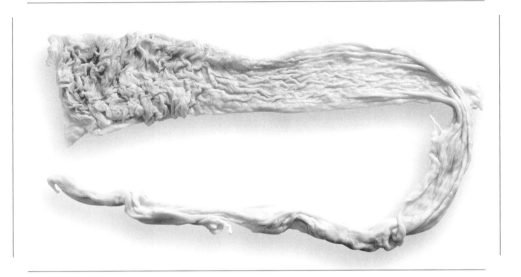

猪肠中肉最厚的直肠部分称作"铁炮"。直肠越靠近肛门的部分肉越厚，有的店在菜单中将靠前较薄的部分叫作"烤猪肠"。烤直肠与烤猪肠一样，都需要提前处理好，通常采用酱烤。

**要点**

● ZABU

- 放入滴入芝麻油的热水中煮熟
- 提供较薄部分的"烤猪肠"

● ABURI 清水

- 采购煮好的猪肠
- 切花刀，提升口感

## 准备食材·切肉

1 热水中加入少量芝麻油，将猪肠煮 1.5h 后过一遍冰水。

2 擦干水分后切掉顶端较硬的部分。

3 切成宽 3cm 左右的小块。较薄部分用来制作"烤猪肠"（参考第 36 页）。

4 切成一口大小。

## 穿串儿

5 为了保证烧烤时肉块的稳定性，将猪肠折成波浪形。

6 扦子稍微穿过肉，调整肉的形状，穿 3 片肉。

7 完成穿串，最后再调整一下形状。

## 烤制

8 放到烤架上，大火烤制。

9 表面稍有焦黄色后翻面。

10 多翻几次面，两面都呈金棕色后浸入酱汁。

11 再放到烤架上，两面都烤制后再浸入酱汁。

12 继续烤至两面呈焦黄色后，再次将烤串浸入酱汁后装盘。

13 撒上花椒粉后上菜。

成品图

## ➡ 准备食材·切肉

1 采购煮好的猪肠，热水煮 15min 后洗净。
※ 图中是与小肠一起煮。

2 用厨房用纸吸干水分。

3 切掉顶端较硬的部分。

4 为了便于食用，在较厚的部分切花刀。

5 把较宽的部分纵切成两等份。

6 切成一口大小。

## ➡ 穿串儿

7 以波浪形穿 2 块较薄的肉块。

8 再接着穿 2 块较厚的肉块。

9 对于较厚的肉块，扦子从油脂与肉的中间部分穿过。

10 结束穿串。

## ➡ 烤制

11 放到烤架上，大火烤制。

12 表面呈焦黄色后翻面。

13 翻面三四次，上下交替翻转，确保火候均匀。

14 肉串整体呈焦黄色后，浸入酱汁。

15 再放到烤架上，两面刷酱汁烤一遍。

16 最后再浸一遍酱汁，装盘。

成品图

浓浓美味的红肌肉
......................

# 10 猪腱肉 〔胫〕

由于是小腿肉，因此肌肉和肉筋较多。虽然这部分吃起来口感较硬、嚼劲较大，但也正因为如此，增添了几分猪小腿肉的美味。火候太大的话会导致肉质过硬，要注意火候的把握。

要点

● ABURI 清水

· 肉质容易变硬，注意掌握火候

## 准备食材·切肉

1 从肉筋处将肉切成两等份。

2 切掉附着在顶端的肉筋。

3 用刀切掉包在表面的肉膜。

4 竖着切成宽 2cm 的肉块。

5 切成一口大小的肉块。

## 穿串儿

6 垂直于肉的纹路穿串。

7 从下到上依次穿串，肉块越往上越大。

8 调整间距，注意肉块间不要挨得太紧。

## 烤制

9 两面撒盐。

10 放到烤架上，大火烤制。

11 表面烤成焦黄色后翻面。

12 接着翻转肉的四面，注意火候，如果火候太大，肉质会太硬。

成品图

独特的筋道口感

# 11 猪乳 〔猪乳〕

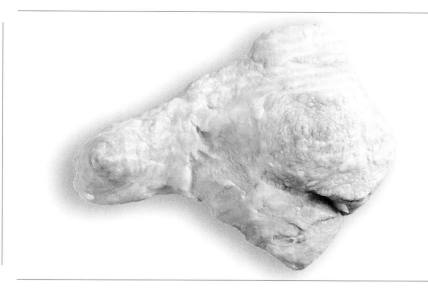

猪乳部分的脂肪多，肉质柔软。烤后的猪乳很有嚼劲，有着独特的筋道口感。吃的时候可以隐约感受到肉质的光滑柔软。

要点

● ZABU

· 火候不要太过，以充分显现其口感

### 准备食材·切肉

**1** 将表面凸起的乳头和周边的肉一同切掉。

**2** 用刀切掉表面的肉膜。

**3** 背面也做同样的处理，切掉肉膜。

**4** 切成 2cm 大小的肉块。

用力按住

**5** 左手用力按住肉块，切成厚度 1cm 的肉块。

### 穿串儿

**6** 将肉块稍微做成波浪形状后穿成串。

**7** 再穿上葱青。

**8** 按肉、葱白、肉的顺序继续穿串。

### 烤制

**9** 放到烤架上，撒上盐，大火烤制。

**10** 表面呈焦黄色后翻面，此后多翻几次面。

**11** 两面都烤成完美的焦黄色后浸入酱汁。

**12** 再上烤架，两面刷酱汁烤制。

**13** 烤至焦黄色后再浸一次酱汁后装盘。

成品图

很有嚼劲的部位

.....................

## 12 猪唇 〔唇〕

如文字所示，这道菜就是猪的唇肉。这个部位味道虽然很淡，但很有嚼劲，值得一品。烤之前可以先焯水去掉本身的异味，建议酱烤。

要点

● ABURI 清水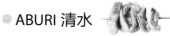

·提前焯水去除异味

·充分烧制，香气四溢后完成

## 准备食材·切肉

1 将猪唇肉用热水煮15min，除去异味。

2 煮好后过一遍冷水，边洗边给肉降温。

3 用厨房纸吸干水分。

4 吸干水分后的状态。

5 切掉猪唇的连接部分。

6 切成一口大小。

## 穿串儿

7 从小块儿开始穿串。

8 越往上肉块越大。

9 正式烤制前放在小炉子上烤一烤，烧掉猪唇肉上的毛须。

## 烤制

10 放到烤架上，大火烤制。

11 表面呈焦黄色后翻面。

12 多翻几次面，两面呈焦黄色后浸入酱汁。

13 再放到烤架上，两面刷酱汁烤制。

14 最后再浸一遍酱汁，装盘。

成品图

滑嫩口感的稀有部位

# 13 猪脑 〔脑花〕

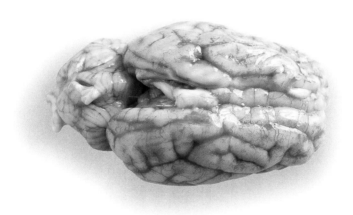

烤得好的话，可以达到外酥里嫩的效果。由于肉质较软，在穿串、烤制时要特别注意。

要点

 ● ZABU

· 一头猪只能出一串猪脑
· 浸酱汁以入味

## 准备食材·切肉

1 猪脑上可能附着一些骨头碎片，要用流水冲一下。

2 扯下连着脊髓的肉筋。

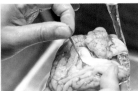

3 扯下血管。如果用力过猛的话可能导致肉质变老，注意力度。

4 吸去水分，切掉小脑和大脑间连着的脊髓。

5 把猪大脑分成左脑和右脑。

## 穿串儿

6 从猪大脑的根部插入扦子，贯穿一次侧面。

折成 S 形

7 折一下猪脑的另一端，贯穿猪脑的另一侧。

8 使用第二根扦子，将猪脑折成 V 字形后穿入。

9 在两根扦子上再穿入一块猪小脑。

10 用两根扦子穿入一大块猪大脑，贯穿两根扦子。

11 完成穿串儿。

## 烤制

12 放到烤架上，中大火烤制，多翻几次面。

13 烤至焦黄色后浸入酱汁，取出再上烤架，然后再浸一遍酱汁后装盘。

成品图

# 烤串店

## Q1 "烤杂碎"和"荷尔蒙烧烤""烤猪杂"有什么区别?

"杂碎"指的是"动物内脏",包括牛、猪、鸡等动物的内脏。用这些动物内脏烤出来的食物就被称作"烤杂碎"。另外,杂碎在日本还被称作"荷尔蒙",这是由于内脏是分泌荷尔蒙的器官。虽然"烤荷尔蒙"和"烤杂碎"的指代基本一致,但关东地区通常把炭炉和烤肉器烤出来的内脏肉称作"烤荷尔蒙",而把用扦子穿的串称作"烤杂碎"。此外,有些地方还把烤串形式的"烤杂碎"称作"烤猪杂"。东京地区的"杂碎"(荷尔蒙)一般指的是猪杂碎,大阪则指的是牛杂碎,这也体现了两个地区肉食文化的不同。

## Q2 采购杂碎时要注意一些什么?

杂碎的正式名称是"畜肉副产品"。屠宰场和肉食中心等场所屠宰的牛肉与猪肉分为带骨肉(带骨的肉)和剩下的部分。这里的"剩下的部分"又称为"畜肉副产物","畜肉副产物"除去表皮外的部分才是"畜肉副产品"。"畜肉副产品"的买方主要是专门的批发商。批发商对杂碎做分割、成型处理后再卖给零售店和饭店。因此,需要向专门的批发商或者零售店购买国产猪肉的杂碎。有些店只采购当天早上宰杀的猪杂碎,但这种店毕竟有限,这种情况下需要构建起与采购商之间的信任关系。此外,虽然进口的杂碎肉价格较低,购买较为方便,但通常是以冷冻状态流通,品质劣于国产杂碎。

## Q3 杂碎有哪些种类?

杂碎包括胃、小肠、大肠等消化器官和心脏等循环器官,还包括脸颊肉、舌、横膈膜等部位。在这当中,消化器官的杂碎肉一般被称为"白肉",其他的杂碎肉则被称作"红肉"。虽然有大致的分类,但杂碎的种类到底有多少种尚无定论,除了肝脏、心脏、横膈膜、胃等代性部位外,有些烧烤店还提供猪小腿肉、猪乳、猪唇等较为少见的部位。此外,即使是同一部位的杂碎,各个烧烤店的叫法也不尽相同。虽然猪的带骨肉根据脂肪厚度和肉的多少、肉质等指标可以分为"极好"到"等级外"五个级别,但杂碎是没有等级之分的。这一点还可能是由于不同的猪身上的杂碎肉味道虽有不同,但区别不会太大。与其花心思给杂碎肉分级,还不如尽可能地采购新鲜的杂碎原料,学会辨别肉质好的杂碎。

## Q4 烤杂碎店应当提供什么样的单品份饭呢?

很多烤杂碎店将杂碎做成炖菜,这不仅是为了迎合消费者的口味,对店家也是一件好事。在准备烤杂碎串食材的过程中,难免会产生一些边角料,比如肉筋、肉膜和边角肉。这些边角料如果直接丢弃的话就太可惜了,如果能把这些边角料做成单品份饭的话还有助于降低店里的营业成本。除了做成炖菜,有些烤串店还把边角料绞成肉馅,做成肉丸串儿。做到物尽其用也是烤杂碎店成功的一大关键。

## Q5 如何保证食品安全?

杂碎肉和精肉相比更容易变质,因此必须细心处理。养殖场生产的杂碎肉经具备兽医资格的检查员检测是否有疾病或炎症后,流向批发商,批发商会剖开消化管道,去除杂碎肉里的一些脏东西,一般还会用冷水洗干净后,做速冻处理。从批发商和零售店采购杂碎肉后,即使是短期内也不要置于高温处保存,要尽早处理食材。此外,生吃猪肝可能会感染 E 型肝炎病毒,还有感染沙门氏菌和弯曲杆菌属,导致食物中毒。根据日本 2015 年 6 月起施行的食品卫生法,店家不得将生的猪肉或杂碎肉供顾客生吃。除了不能提供"猪肝刺身"等生肉食品以外,即使是烤杂碎串,也要注意确保火候到位。

参考文献:《畜肉副生物知识》(公益财团法人 日本肉食协会)

# 第二部分

# 烤串第一线

## ～ 烤串套餐的商品开发以及专业店铺的技术 ～

# 博多

享誉日本餐饮业的热点之一便是"博多烤串"。正如文字所示，这是诞生于博多的烤串，除了"五花肉""牛横膈膜"和"酱烤茄子"之外，博多烤串还有猪五花肉包蔬菜的"蔬菜卷"等主要餐品。"蔬菜卷"卷的是新鲜的蔬菜，使用的是当季的时蔬，给菜单创新提供了更大的可能性。希望读者通过本书的介绍，可以在掌握基础技术后，创作出充满个性的菜品。

# 烤串

# 2.1
# 博多烤串 HARENOICHI

## 炭火烤制蔬菜卷和肉串

如店名"HARENOICHI"所示，这是一家博多风味的烤串店。除了"酱烤茄子"和"猪五花"等福冈地区的烤串店常见的单品外，还提供"卷葱"等蔬菜卷。店里还使用竹笋和茼蒿等当季时蔬，提供"烤荞麦面"和"烟熏芝士"等创意菜。

### 烤串菜单

**黑猪烤串**

| | |
|---|---|
| 五花肉 | 200 日元 |
| 猪肠 | 180 日元 |
| 软骨 | 180 日元 |

**牛肉串**

| | |
|---|---|
| 横膈膜 | 300 日元 |
| 牛臀肉 | 350 日元 |
| 葱烤牛舌 | 350 日元 |

**本地鸡肉串**

| | |
|---|---|
| 鸡胗 | 150 日元 |
| 鸡脖肉 | 200 日元 |
| 鸡肉丸 | 230 日元 |
| 鸡皮 | 180 日元 |
| 鸡肝 | 180 日元 |
| 鸡腿肉 | 200 日元 |
| 鸡屁股 | 150 日元 |

**蔬菜卷**

| | |
|---|---|
| 芦笋卷 | 200 日元 |
| 土豆卷 | 200 日元 |
| 紫苏卷 | 200 日元 |
| 莲藕卷 | 200 日元 |
| 杏鲍菇培根芝士 | 250 日元 |
| 菠菜培根芝士 | 250 日元 |
| 培根莴苣芝士 | 250 日元 |

**创意烤串**

| | |
|---|---|
| 寿喜锅 | 450 日元 |
| 烤荞麦面 | 230 日元 |
| 烧卖 | 180 日元 |
| 卡普里沙拉 | 280 日元 |
| 烟熏芝士 | 200 日元 |
| 粗香肠 | 300 日元 |

**蔬菜串**

| | |
|---|---|
| 酱烤茄子 | 250 日元 |
| 香菇 | 250 日元 |
| 牛油果 | 200 日元 |
| 百合芽 | 200 日元 |
| 银杏 | 200 日元 |
| 狮头辣椒 | 180 日元 |
| 烤大葱 | 180 日元 |

\* 商品内容和价格截至 2018 年 12 月

**"HARENOICHI" 的风格**

### 烤架探秘

很多卖蔬菜卷的烤串店用的是煤气烤架，但这家店用的是炭火烧烤。烤架还能用来烤鱼，纵深较长，深度较浅，配合着串的长度还放着铁棍以供使用。烤蔬菜卷通常要用中火慢烤。

上烤架前会喷一点酒以提鲜（右图）。盐的话（左图）基底用的是口感温和的冲绳"SHIMAMASU"盐，还会掺以岩盐、精制盐和少量调味料。如顾客没有特殊要求，除"烤猪肠"外都基本采用盐烤。酱烤口味则使用甜酱油酱汁，具有黏稠的口感（制作方法请参考第 71 页）。

01 葱卷

02 紫苏卷

03 菠菜芝士

04 五花肉

05 横膈膜

06 烤鸡胸肉

07 烤猪肠

08 梅子沙丁鱼卷

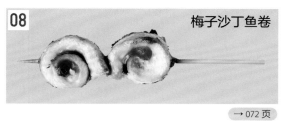

09 番茄卷

10 烤荞麦面

11 烟熏芝士

12 巨峰葡萄卷

一道经典的蔬菜卷。使用博多地区万能牌小葱，
再用猪五花肉包裹，外表诱人，一口大小的形状
十分适合大家品尝。

# 葱卷

## 准备食材

**1**

准备一把根部固定好
的万能牌小葱，从顶
端15cm处折起。

**2**

把折起的部分用橡皮
筋扎好。

用力按压

**3**

解开固定根部的胶
带，把小葱紧紧地按
压在铺有切片五花肉
的案板上。

**4**

用五花肉片顶端绑住
小葱。

**1**

**5**

边用力在案板上挤压五花肉，边把小葱卷起来，防止葱散掉。

**6**

卷完一片五花肉后，下一片五花肉大致覆盖原先五花肉的一半。

**7**

重复以上操作，解开系在小葱顶端的橡皮筋。

**8**

为了防止小葱散掉，顶端的五花肉要结结实实地卷两圈。

**9**

同样地，底端的五花肉也要卷严实。

**10**

卷完的状态。为了保证切的时候不会散架，要卷成一口能吃掉的大小，尽量卷得又紧又细。

## 切肉·穿串儿

**2**

**11**

切掉根部，切成宽2cm 的大小。

**12**

从下到上，肉卷依次增大。确保第一口吃到的最香，也最好看。

## 烤制

**3**

**13**

用喷雾器喷一些酒在串儿上面。烤制过程中均匀地撒上盐，用中火烤。

**14**

稍微烤一会儿串的侧面后及时翻面，如图所示，烤制五花肉卷着的那一面。多次翻面，直到五花肉呈焦黄色后完成。

# 紫苏卷

用五花肉卷紫苏叶的小串。多汁的五花肉与清香的紫苏叶很搭。

---

### 🔹 准备食材

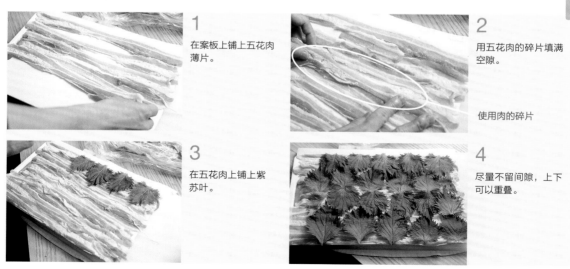

**1**
在案板上铺上五花肉薄片。

**2**
用五花肉的碎片填满空隙。

使用肉的碎片

**3**
在五花肉上铺上紫苏叶。

**4**
尽量不留间隙，上下可以重叠。

1

**5**

捏住五花肉的顶端，边用力按压边卷起紫苏叶。

**6**

卷完后用保鲜膜包好，固定形状。

**7**

包好后放在冰箱冷藏层 30min 以上，定型后方便切割。

## 🍢🍢 切肉·穿串儿 ——————— 2

**8**

切掉顶部。

**9**

切成 1cm 宽大小。

**10**

从五花肉一侧穿上扦子。

## 🍢🍢 烤制 ——————— 3

**11**

用喷雾器喷一些酒在串上面。烤制过程中给两面均匀地撒上盐，用中火烤。

**12**

五花肉烤出油后翻面，五花肉呈焦黄色后完成。

# 03

## 菠菜芝士

烤完后口感爽脆的培根与菠菜、柔软的芝士在这道烤串里完美融合，是一道热门菜品。

1

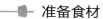 **准备食材**

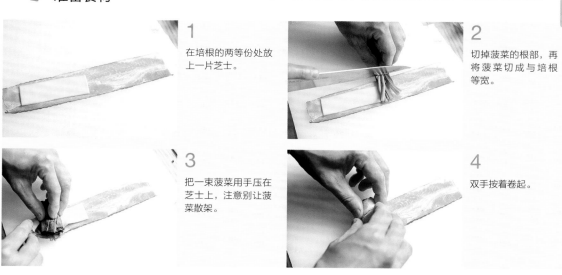

**1**
在培根的两等份处放上一片芝士。

**2**
切掉菠菜的根部，再将菠菜切成与培根等宽。

**3**
把一束菠菜用手压在芝士上，注意别让菠菜散架。

**4**
双手按着卷起。

**5**

切掉培根两端露出来的菠菜。

**6**

卷完的状态。

## 穿串儿

**2**

**7**

穿扦子时要保证培根肉的接口要在内侧，以V字形穿两根扦子。

肉的接口
要在内侧

## 烤制

**3**

**8**

用喷雾器喷一些酒在串上面。两面撒盐，用中火烤。一面烤完后翻面以同样的火候继续烤。

**04**

# 五花肉

将肥瘦得当的群马县"上州潺猪"五花肉切成一口大小后穿成串儿，烤成又香又脆的五花肉串。

---

### 🍖 准备食材·切肉

**1**

把大块的五花肉（500g左右）切成整齐的长方体。切下来的边角料可以用来做员工餐等。

**2**

横切成两等份。

**3**

侧面的宽度

纵切成两等份，保证侧面为宽 2~3cm 的长方形。

**4**

切成厚 1cm 的肉块。

**5**

将肥肉和瘦肉分开，让肥肉部分的切面是正方形。

**2**

---■■■--- 穿串儿 ----------------------------------------

**6**

为确保肥瘦得当，可以先选4块大、中、小3种规格的肉块称一下。一串大概需要30g的肉，选择相应大小的肉块。

肉纤维的朝向

**7**

用惯用手的大拇指和食指握住扦子，按照小片洋葱、五花肉（小）、五花肉（中）、五花肉（中）、洋葱、五花肉（大）的顺序穿串。

**8**

完成穿串。要尽量让肥瘦肉相间。

调整肉块间距

**9**

如果肉块太挤的话，火候很难均匀，因此要用指腹压一压，别让肉块之间太挤了。

**3**

---■■■■--- 烤制 ----------------------------------------

**10**

放到烤架上，用喷雾器喷点酒在串上，两面撒上盐。

**11**

中火烤，直至一面呈焦黄色后翻面。

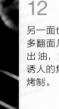

**12**

另一面也呈焦黄色后多翻面几次。适度烤出油，烤串整体呈诱人的焦黄色后完成烤制。

## 05

# 横膈膜

博多烤串店里的经典菜品。将味道浓郁的红肉烤得多汁又美味。串儿里的洋葱起到了调节口味的作用。

---

**准备食材·切肉**

1

**1**
店家"HARENOICHI"使用的是牛的横膈膜。先用厨房纸吸去表面的血水，用手撕掉肉膜。

**2**
在撕去肉膜的同时，用刀适当切掉一些较硬的肉筋。

**3**
对另一面的肉膜和肉筋也做同样的处理。

**4**
横切掉表面附着的肥肉块。为了让烤出来的横膈膜更加多汁，还是要留一些表面的肥肉。

**5**

用厨房纸将肉包起来，手掌用力按压，挤压出多余的水分。

**6**

沿着肉的纤维，较厚的部分切成宽 3cm，较薄的部分切成宽 4~5cm 的肉块。

**7**

横切成厚 2cm 的小块。

## 穿串儿

**2**

肉纤维的朝向

**8**

按照小块洋葱、两块肉、洋葱、肉的顺序穿串，垂直于肉的纤维纹路，可保证肉块不易脱落松动。

调整肉的间距

**9**

用指腹按压，调整肉的间距不至于过密。

## 烤制

**3**

**10**

用喷雾器喷点酒，两面撒盐和黑胡椒，再撒上少量盐。

**11**

中火烤制。表面变色后翻转，火候过大会导致表面过硬，因此要控制好火候。

**12**

另一面也是呈焦黄色后刷一点黄油，让肉串更入味。

# 烤鸡胸肉

博多烤串的经典菜品。这是用一整块鸡胸肉制成的烤串，让人不禁大快朵颐。烤的时候带点水分，烤好后刷点芥末酱油。

## 准备食材

**1**
拿刀切入鸡胸肉的两侧肉筋。

**2**
拿刀切入肉筋的根部。

**3**
用手扯掉肉筋。里侧的肉筋也用同样的方法扯掉。

**4**
放入冰水中保鲜。

## 2

**穿串儿**

**5**

用厨房纸充分吸掉水分。

**6**

从鸡胸肉的较细处开始从下往上穿串儿。

**7**

让鸡胸肉形成3座小山般的波浪形。

**8**

完成穿串。

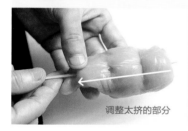

**9**

为了不让肉块之间太挤，导致火候难以到位，用手顺一下肉块，调整形状。

调整太挤的部分

**10**

为了便于咀嚼，可以用刀斜切几刀花刀。

## 3

**烤制**

**11**

用喷雾器喷一点酒，两面撒盐。

**12**

用中火烤至一面呈白色后翻面，另一面也同样烤制。

**13**

装盘，淋上自制芥末酱油。

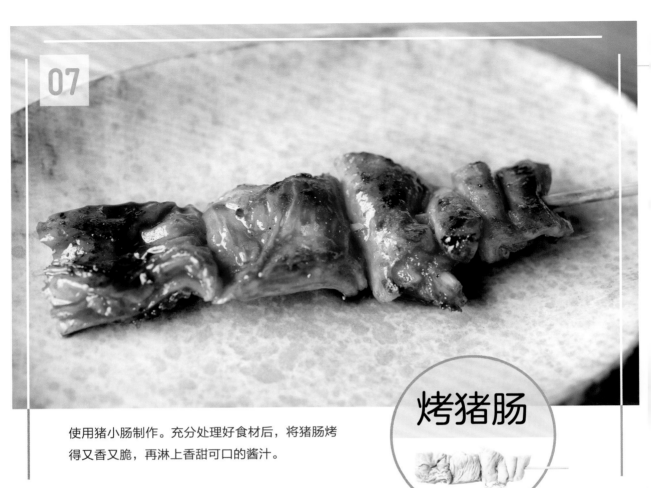

# 烤猪肠

使用猪小肠制作。充分处理好食材后，将猪肠烤得又香又脆，再淋上香甜可口的酱汁。

---

## 准备食材 · 切肉

**1**

**1**
将猪肠装在大盆子里，用流水仔细冲洗。

**2**
用水焯 3 次，去除异味。

**3**
放入适量葱叶、切成大块的生姜和拍碎的大蒜，煮 1h。

薄的部分
中间部分
厚的部分

**4**
晾凉后擦去水分，也可以将这个状态下的猪肠冷冻。

**5**

较厚部分和中间部分切成 2cm 宽的肉块。

**6**

沿着肉的纹路切成两等份或三等份。

**7**

较薄部分切成宽 2cm 的小块。

**8**

分成较厚部分、较薄部分和中间部分 3 类。

## 穿串儿

**2**

**9**

取薄的部分穿成波浪形。

**10**

接着按照 2 块中间部分、2 块厚的部分的顺序穿串，调整一下串的形状，保证肉块间隙不会太密。

调整肉的间距

## 烤制

**3**

**11**

用喷雾器喷点酒，中火烤制。

**12**

多翻几次面，烤成焦黄色。表面变色、香气出来后浸入酱汁再烤一遍。最后再浸一次酱汁后装盘。

### 酱汁的做法

1 将切成大块的洋葱、葱、生姜、大蒜用鸡油炒至蔫软。

2 加酒和料酒一起煮。

3 将做法 1 和做法 2 的原料与甜酱油、上等白糖、粗砂糖和鸡骨高汤加热 20min 后过滤。

4 过滤后的汁水加入老抽调味，煮 20min。

## 08

肥美的沙丁鱼肉和梅子酱卷在一起，鱼皮烤得香脆。秋天可以使用当季的秋刀鱼代替沙丁鱼。

**梅子
沙丁鱼卷**

---

### 🔧 准备食材

**1**

**1** 切掉沙丁鱼的头。

**2**

**2** 拿刀剖开鱼腹。

**3** 切掉鱼尾，拿刀取出鱼的内脏。

**4** 用冰水冲洗鱼腹。

5

拿掉鱼的中骨。

6

竖切成两等份，切掉鱼腹的骨头。

## 准备·穿串儿

2

7

依次放上半条沙丁鱼、半片紫苏叶和市面上卖的梅子酱。

8

将这3种食材卷起来。

9

卷完后保证开口在内侧，穿入扦子。

10

另一块沙丁鱼卷也做同样的处理。

卷完的状态

## 烤制

3

11

用喷雾器喷点酒，两面多撒点盐。

12

中火烤制，鱼皮呈烤焦色后翻面。

13

多次翻面，两面的鱼皮烤脆后完成。

**09**

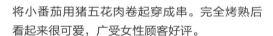

## 番茄卷

将小番茄用猪五花肉卷起穿成串。完全烤熟后看起来很可爱，广受女性顾客好评。

1　将五花肉片纵切成两半，接着再横切成两等份。

2　小番茄去蒂，用刀尖抵着，滚动小番茄，卷起五花肉Ⓐ。

3　从五花肉的接口处穿入扦子Ⓑ。

4　用喷雾器喷点酒，撒盐。

5　中火烤五花肉卷着的两面，五花肉呈焦黄色后完成。

**10**

## 烤荞麦面

将烤荞麦面用五花肉卷起后烤成的创意菜品。再淋上蛋黄酱，撒上海苔、红姜，可以说是具有地摊风味的独特菜品。

1　炒好市面上卖的烤荞麦面，用附带的调味汁调味。

2　取适量荞麦面放在手上，捏成圆柱形Ⓒ。用五花肉片卷起。

3　卷完五花肉后保证开口在内侧，用两根扦子以V字形穿成串Ⓓ。

4　中火烤五花肉卷着的部分，中间如果有荞麦面掉下来的话就用剪刀剪掉，调整好形状。五花肉呈焦黄色后完成烤制。

5　装盘，浇上调味汁、蛋黄酱，撒上海苔和红姜。

Ⓐ

Ⓑ

Ⓒ

Ⓓ

**烟熏芝士**

**巨峰
葡萄卷**

热加工芝士用炭火熏制后做成烤串。要点就在于芝士快要熔化前上菜。

用培根肉卷着整个巨峰葡萄烤制而成。吃起来像是甜点，但却是果蔬类烤串。店家会采用当季食材，全年都可提供本菜品。

1 在平底锅内铺上锡纸，放上炭料，在铁丝网上放上市面上卖的热加工芝士（店家"HARENOICHI"用的是 Q·B·B 的儿童芝士 平装版）E。

2 盖上锅盖，小火熏制约 2min。

3 冒烟后关火，再闷 2min 后打开锅盖散热 F。

4 每串竖着穿 2 块芝士。

5 用喷雾器喷点酒，多翻几次面，防止芝士熔化。芝士两面胀起后改用中火烤制。

1 将培根横切成一半，再纵切成一半。

2 用刀尖抵着巨峰葡萄卷起培根 G。

3 保持培根的开口朝内，对着葡萄的中心穿入扦子 H。

4 用喷雾器喷点酒，撒盐。

5 反复用中火烤培根包着的部分，培根呈焦黄色后完成。

在东京，说到杂碎或者是"荷尔蒙"就会让人联想到猪杂碎，但关西地区却主要指代的是牛杂碎。烤串店也是如此，关西地区有不少提供牛肉串和牛杂碎串的串店。和采用猪杂碎做原料的串店类似，牛肉串店也提供了各个部位的杂碎烤串，让顾客得以享受各种味道和口感。此外，牛肉相比猪肉更能给人带来满足感。即使是那些高级牛肉串店也值得一试。

# 2.2 牛肉串 吉村

## 准备了 20 种每串 25g 的小型牛肉串

"牛肉串 吉村"常备20种牛肉串菜品。除了里脊肉和牛排等精肉外，其余的烤串菜品基本都是杂碎肉。不仅有经典菜品牛舌和横膈膜、牛肝、丸肠、肥肠、牛胰脏、牛肺等较为少见部位的菜品也都人气颇高。串的大小只有25g左右，顾客可以多尝尝不同部位牛肉串的滋味。

### 烤串菜单

| | |
|---|---|
| 5 串套餐 | 900 日元 |
| 畅快 7 串 | 1200 日元 |
| 牛舌 | 250 日元 |
| 横膈膜 | 250 日元 |
| 丸肠 | 250 日元 |
| 排骨 | 250 日元 |
| 牛排 | 220 日元 |
| 里脊肉 | 220 日元 |
| 后牛舌 | 220 日元 |
| 牛腭 | 220 日元 |
| 肥肠 | 220 日元 |
| 牛胰脏 | 180 日元 |
| 毛肚 | 180 日元 |
| 牛腰肉 | 180 日元 |
| 牛颊肉 | 180 日元 |
| 牛肚 | 150 日元 |
| 牛心管 | 150 日元 |
| 牛心 | 150 日元 |
| 牛直肠 | 150 日元 |
| 牛盲肠 | 150 日元 |
| 牛肝 | 110 日元 |

\* 商品内容和价格截至 2018 年 12 月

### 烤架探秘

采用炭火作为热源。炭的规格较小，用的是细的土佐备长炭，烤制时通常拼接起1.5根长炭，采用大火，远隔一定距离进行烤制。实际点火时，为提高烧烤效率，会铺上一层烧烤网，再放上肉串。烤制时多翻几次面，用大火烤 5~6min 即可。

### 吉村的风格

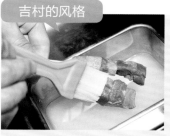

肉串在烤之前刷一层加了蒜汁的酒（参考上图）以覆盖肉本身的异味。除了牛舌外，吃其他牛肉串时店里会提供酱油为主料制作的口味较淡的酱料（参考右上角图片）。此外，店里还准备了麦味噌和药念酱制成的味噌酱汁（右图），在食用牛肚和白肉烤串时可以蘸着吃。

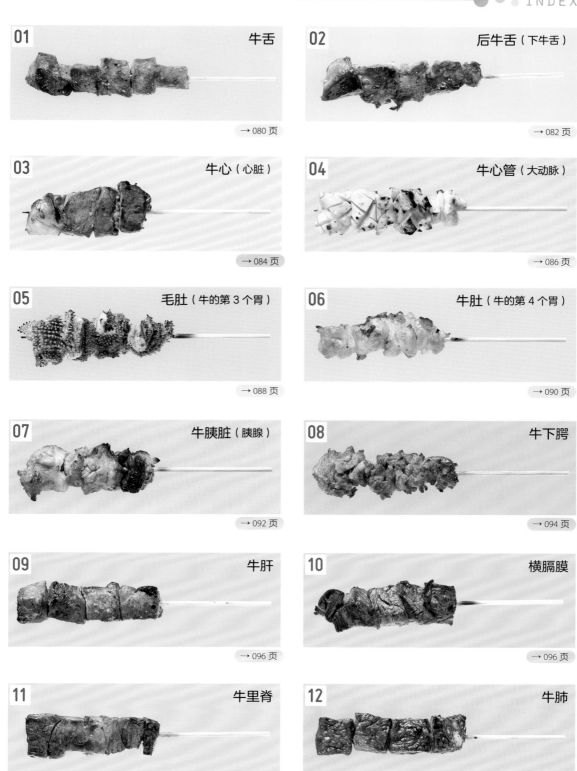

## 01

**牛舌**

男女老少都爱的部位。有嚼劲，口感好，多汁是其特点。其他烤串基本是酱烤，而烤牛舌则是盐烤。

---

### 准备食材·切肉

**1**

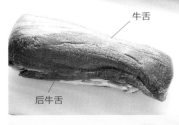

**1**

准备牛舌，分离上半部分的"牛舌"和下半部分的"后牛舌"（下牛舌）。

**2**

翻面，从顶部起2cm左右的部位切开。

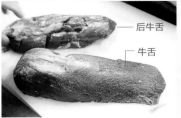

**3**

如图所示，前面的为"牛舌"，后边的是"后牛舌"（参照第82页）。

**4**

牛舌切成厚1.5cm的块，其中牛舌顶部由于肉质较硬，可切成厚1cm的肉片。

牛舌尖
中牛舌
上牛舌

**5** 切完，分成上牛舌、中牛舌、牛舌尖 3 个部分。

**6** 切成小正方块。

牛舌尖　　中牛舌　　上牛舌

**7** 分割完成。

## 穿串儿

**2**

**8** 垂直于肉的纹路穿成串。

**9** 从下到上按照牛舌尖、中牛舌、上牛舌的顺序穿串。

**10** 调整肉块的距离，别让肉块之间靠得太紧。

## 烤制

**3**

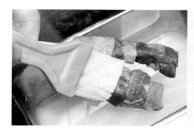

**11** 刷上蒜汁酒，多撒点盐。

**12** 放到烤架上，大火按顺序将四个面都烤一下，表面呈焦黄色后装盘，摆上切好的柠檬。

## 准备食材·切肉

**1**

准备好从整块牛舌中切割出来的后牛舌（参考第 80 页）。

**2**

用刀仔细地将肉筋切掉。

**3**

竖切成两半。

**4**

切成方形小块。

# 后牛舌
## （下牛舌）

后牛舌在整个牛舌中可以算得上是脂肪最厚、最有弹性的部分了。将后牛舌烤得多汁后可以蘸着特制的酱汁食用。

## 2 穿串儿

**5** 垂直于肉的纹路穿成串。

**6** 完成穿串。

## 3 烤制

**7** 刷上蒜汁酒，撒盐。放到烤架上，小火烤制。

**8** 90°翻转烤串，先后将肉的4个面都烤一下。

**9** 表面呈焦黄色后浸入酱汁（参照第78页，下同）。

**10** 再放到烤架上，表面烤焦后完成。最后再浸一次酱汁后装盘。

**03**

# 牛心
（心脏）

爽脆的口感是牛心的特点。店家"吉村"还会将附着在心脏周边的厚厚一层油脂和牛心一同烧烤，让烤牛心吃起来更加多汁。

---

## 🔸 准备食材·切肉

**1**

准备牛心，图示大概是一头牛的 1/3 个心脏。

**2**

用刀切掉肉筋。

**3**

切成便于处理的大小。

**4**

切掉表面附着的坚硬肉膜。

**5**

切成2cm宽的肉块。

**6**

切成方形肉块。

**7**

切掉覆盖在心脏上的白色油脂。

**8**

将油脂切成一口大小的肉块。

**9**

准备好牛心小肉块和油脂小块。

## 穿串儿 2

**10**

垂直于肉的纹路穿成串。

**11**

穿两三个牛心肉块后再穿一两个油脂块。

## 烤制 3

**12**

刷上蒜汁酒，撒盐。放到烤架上，用大火先后将4个面都烤一下。火候过大会导致肉质太老，需要引起注意。

**13**

表面呈焦黄色后浸入酱汁。再放到烤架上烤一会儿后完成。最后再浸一次酱汁后装盘。

**04**

# 牛心管
## （大动脉）

听名字就感觉这道烤串吃起来很有嚼劲。为了便于品尝，店家在牛心管上先切了花刀后再烤，吃的时候可以蘸上特制的酸味噌酱汁。

---

## ■ 准备食材·切肉

**1**

**1**
准备好牛的心管。对于附着在动脉上的油脂，由于其特有的风味，不做切除处理。

**2**
拿刀切开筒状的心管。

**3**
切开后的样子。

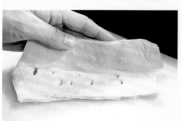

**4**
为了便于品尝，在切开后的心管内侧划一些格子状的花刀。

**5** 花刀深度约 5mm。

**6** 竖切成 3~4cm 宽的片。

**7** 横切成宽 3cm 的片。

**8** 切完后的样子。

## ━🍢━ 穿串儿

**2**

**9** 卷起牛心管，让油脂附着的那一面卷在里面，穿成串。

**10** 调整牛心管之间的间距。

## ━🍢━ 烤制

**3**

**11** 刷上蒜汁酒，撒盐。放到烤架上，开大火烤。

**12** 边翻面边烤。底下的部分火候一般很难达标，因此可以倾斜着将牛心管串按在铁丝网上烤。

**13** 略微烤焦后浸入酱汁，再放到烤架上烤至焦黄色后浸一次酱汁，装盘。

# 毛肚

（牛的第3个胃）

将毛肚叠起后切成 1cm 宽的小块儿穿成串，就成了毛肚串。毛肚有嚼劲，有独特的口感，且脂肪含量少，富含铁和锌，味道较淡。

## 准备食材·切肉

1

1

准备牛的第3个胃（清洗好）。

2

一次切开多张褶皱的牛胃。

3

叠成筒状。

4

叠好后的样子。

5

切成宽 1cm 大小的块。

## 2

### 穿串儿

6

确保卷完的开口在内，依次穿成串。

7

完成穿串。

## 3

### 烤制

8

刷上蒜汁酒，撒盐。放到烤架上，大火烤制。

9

边翻面边烤。烤至呈焦黄色后浸入酱汁，再放到烤架上。由于毛肚味道较淡，水分较多，此步骤要重复四五次。

10

毛肚串表面呈茶色后完成烤制。最后再浸一遍酱汁后装盘。

**06**

# 牛肚
（牛的第 4 个胃）

牛肚和牛的第 1 个到第 3 个胃相比更为柔软，脂肪更多。和牛心管一样，烤牛肚串和味噌酱汁更搭。牛肚也称为"皱胃"。

---

◆ **准备食材·切肉**

**1**

**1**
准备好牛的第 4 个胃。呈茶色的黏稠污渍会影响口感，因此要认真清洗掉。

**2**
用勺子仔细地刮掉牛肚上的污渍，但要小心别刮掉白色油脂。

**3**
流水冲洗干净。

**4**
清理后的样子。

5 切成宽 3cm 的肉块。

6 切成一口大小。

## 穿串儿

**2**

7 叠成波浪形后穿成串。

8 调整肉块的间距及肉块的形状。

## 烤制

**3**

9 刷上蒜汁酒，撒盐，放到烤架上，大火烤制。

10 适度让肉块烤出油后翻面继续。肉块呈焦黄色后浸入酱汁，再放回烤架。

11 表面呈焦黄色后完成烤制，再次浸入酱汁，装盘。

# 牛胰脏

## （胰腺）

牛胰脏是很有嚼劲的红肉，还裹着厚厚的油脂。
烤串鲜美多汁，肥瘦得当。

---

### 🔻 准备食材·切肉

**1**

**1**
准备好牛的胰脏，为了便于处理，切成 3~4cm 宽。

**2**
用刀切去肉筋和肉膜。

**3**
切掉另一侧的硬膜。

**4**
切几刀花刀。

**5**

花刀深度约 2cm。

**6**

切成 1cm 宽的小块。

**7**

准备肥瘦相间的肉块。

## 穿串儿

**2**

**8**

垂直于肉的纹路穿成串。

**9**

肉串的顶端最容易烤过头，因此多在顶端穿一点肥肉。

## 烤制

**3**

**10**

刷上蒜汁酒，撒盐。放到烤架上，大火烤制。

**11**

为了不让油脂过度烤出，注意要频繁翻面。肉串呈焦黄色后浸入酱汁，再放回烤架。最后再浸一遍酱汁后装盘。

**08**

# 牛下腭

在下腭肉上切上花刀，卷起后穿成串。

---

🔸 **准备食材·切肉**

**1**

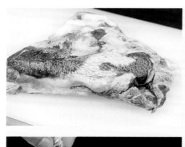

**1** 准备牛的下腭肉。

**2** 用刀切入表面黑色褶皱下方。

**3** 切掉黑色褶皱部分。

**4** 切掉侧面的硬膜。

5

由于牛下腭肉质较硬，因此花刀要切得深一点。

6

继续切格子状的花刀。

7

切完花刀的状态。肉的纤维呈似断非断的状态。

8

切成一口大小。

## 穿串儿

2

9

边卷肉边穿串。

10

为确保烤的时候肉不会掉下来，边卷肉边穿串。

11

用手轻轻捏几下，让肉串成型。

## 烤制

3

12

刷上蒜汁酒，撒盐。放到烤架上，边翻转边用大火炙烤肉串表面。

13

烤至焦黄色后浸入酱汁，再放到烤架上。稍微再烤一会儿后再次浸入酱汁后装盘。

## 09

### 牛肝

牛肝串味道独特，是一道受欢迎的特色菜品。用的是蒜味调料和酱油酱汁调味，平时不爱吃牛肝的人也能接受。

1　冰水冲洗牛肝，冲掉血水。为了便于处理，将牛肝切成适宜的大小。切掉表面附着的肉膜 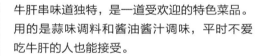。

2　切成宽 2cm 左右的骰子形状肉块，此时如果发现血块的话及时清除，开始穿串 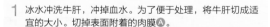。

3　刷上蒜汁酒，撒盐，放到烤架上，先后将牛肝的 4 个侧面都烤一下。

4　表面呈焦黄色、质地变得硬脆后浸入酱汁，放回烤架，继续烤至表面焦脆。最后再浸一遍酱汁，装盘。

## 10

### 横膈膜

这道菜即使在烤肉店里也很受欢迎。横膈膜附着有适量的油脂，是一块鲜美多汁的红肉。烤横膈膜的口感好，味道独特，在店中广受好评。

1　剥掉牛横膈膜的表面肉膜。用刀开一个口后，用手就能轻松地撕掉肉膜 。

2　切掉表面附着的油脂块和肉筋。注意，为了保证烤后成品的多汁，要留下一部分油脂 。

3　切成宽 2cm 左右的骰子形肉块。垂直于肉的纹路方向穿成串。

4　刷上蒜汁酒，撒盐。放到烤架上，边翻面边用大火烤制。

5　表面呈焦黄色后浸入酱汁。放回烤架，再烤一会儿表面后完成烤制。火候太大会导致表面过硬，要尤其注意。最后再浸一次酱汁后装盘。

**11**

**牛里脊**

**12**

**牛肺**

牛里脊是脂肪很少的红肉。里脊肉上的肉筋和油脂可用于其他菜品的制作，里脊串仅仅使用上等里脊肉。注意烤时火候别太大，用中小火烤制即可。

牛肺肉质松软，味道独特。牛肺中气管较多，吃起来口感独特。

1 将牛里脊肉切成适当大小，清理掉肉筋和肉膜 **E**。油脂多的部分可以拿来炖汤。

2 切成宽 2cm 左右的骰子形状肉块。垂直于肉块纹路方向穿成串 **F**。

3 刷上蒜汁酒，撒盐。放到烤架上，用中火先后将肉串的 4 个侧面都烤一下。

4 表面呈焦黄色后浸入酱汁。放回烤架，再烤一会儿表面后完成烤制。最后再浸一次酱汁后装盘。

1 将牛肺切成合适大小，用刀除去表面的肉膜 **G**。为了保持口感的丰富，记得留下气管。

2 切成宽 2cm 左右的骰子形状小块 **H**。垂直于肉的纹路穿成串。

3 刷上蒜汁酒，撒盐。放到烤架上，用大火先后将肉串的 4 个侧面都烤一下。

4 表面呈焦黄色，气管有气体冒出后浸入酱汁。放回烤架再烤一小会儿。最后再浸一次酱汁后装盘。

# 创意意串

烤串非常适合边喝酒边吃，人们一直以来在烤串的创意创新上下了许多功夫。但是，并不是说烤串仅靠稀有性和新奇的外表就能够获得顾客的青睐，而是要在创作菜品过程中追求高品质和原创性。本书收录了一些菜品及其制作方法供读者参考，希望读者也能创作出长期受顾客喜爱的独特烤串。

# 2.3 串烧 博多松介

## 品尝烤串时浇上适合搭配红酒的酱汁

"搭配红酒的烤串"是"串烧博多松介"家的招牌菜。这一系列包括了鸡肉、猪肉、牛肉、鱼肉等多种烤串。除了"腿肉""白肝""猪五花"等传统的菜品外，店里还有猪五花卷蔬菜等创意烤串，配上店家特有的酱汁，可以说是十分独特的创意菜肴了。店家还推出了"特制鸡肉丸"（112页）作为主打菜品。

### 烤串菜单

**鸡肉**

| | |
|---|---|
| 特制鸡肉丸 | 380 日元 |
| 鸡皮 | 150 日元 |
| 鸡心 | 180 日元 |
| 鸡心根 | 180 日元 |
| 鸡屁股 | 190 日元 |
| 鸡胸肉 | 190 日元 |
| 沙肝 | 190 日元 |
| 白肝 | 230 日元 |
| 带肉鸡架软骨 | 250 日元 |
| 鸡翅 | 260 日元 |

**猪肉**

| | |
|---|---|
| 丝岛猪五花 | 280 日元 |
| 丝岛猪肉肠 | 300 日元 |
| 八丁味噌猪五花 | 300 日元 |

**牛肉**

| | |
|---|---|
| 牛横膈膜 | 350 日元 |
| 牛舌 | 480 日元 |
| 和牛里脊肉 | 680 日元 |

**其他**

| | |
|---|---|
| 鸭肉串 | 280 日元 |
| 带骨羊肉 | 680 日元 |
| 卡芒贝尔芝士串 | 290 日元 |

**串卷**

| | |
|---|---|
| 博多溏心蛋 | 250 日元 |
| 马苏里拉芝士卷 | 340 日元 |

**果蔬**

| | |
|---|---|
| 青椒 | 180 日元 |
| 狮头辣椒 | 200 日元 |
| 大葱 | 200 日元 |
| 银杏 | 200 日元 |
| 芋头黄油烤串 | 200 日元 |
| 香菇 | 250 日元 |
| 芦笋厚切培根串 | 320 日元 |

**海鲜**

| | |
|---|---|
| 真鲷烤串 | 350 日元 |
| 马苏里拉芝士三文鱼卷 | 350 日元 |

\* 菜品内容及价格以截至 2018 年 12 月春吉分店提供的为准

### 烤架探秘

店里设置有纵深 50cm 的大型电烤炉。由于串的形状不一，特别是在烤制店里的招牌菜"特制鸡肉丸"时，更适合采用比炭火的火候更为稳定的电烤炉。营业期间，由两名员工站在烤炉两侧进行烤串的烤制。

### 松介家的风格

为了让烤串与红酒更搭，会推荐顾客在马苏里拉芝士卷等烤串上浇上香蒜酱等酱汁，在创意烤串上桌的同时会提供特制的酱汁。店家常备有10种自制的酱汁。照片是新鲜的番茄酱和"Japone"酱汁等。

**01** 马苏里拉芝士卷

**02** 紫苏明太子芝士卷

**03** 牛油果猪肉卷

**04** 真鲷串

**05** 博多溏心蛋

**06** 特制鸡肉丸

**07** 鸡腿肉

**08** 白肝

**09** 香菇猪肉卷

**10** 杏鲍菇猪肉卷

**11** 带骨羊排

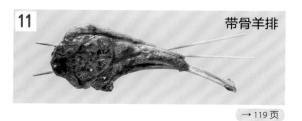

**12** 烤饭团

**01**

马苏里拉
芝士卷

这个串是用切成大块的番茄裹上猪五花后烤制而成。五花肉烤成焦黄色，番茄烤熟，浇上一层香蒜酱后食用。

**1**

### 🔶 准备食材

**1**
切掉番茄蒂。

**2**
竖着切成三等份。

**3**
为了能够把马苏里拉芝士更好地夹在番茄中间，在番茄中央切2cm深的切口。

**4**
将切成三角形的马苏里拉芝士夹在番茄中间。

**5**

用猪五花薄片卷起番茄。

**6**

要点在于卷起后不留缝隙。

**7**

卷完的状态。

## ——📎 穿串儿 ———————————————————

**2**

**8**

穿入一根扦子，保证五花肉的开口朝内。

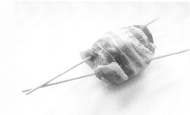

**9**

同样地在另一侧穿入一根扦子，两根扦子呈 V 字形，以便烤制以及食客手持。

## ——📎 烤制 ———————————————————

**3**

**10**

用喷雾器喷点酒，撒盐。放到烤架上，大火烤制。

**11**

五花肉略微呈焦黄色后翻面。此后多次翻面，直到将五花肉烤至焦黄色。

**12**

装盘，撒上黑胡椒，浇上香蒜酱。

### 香蒜酱

1　原料为香草、香芹、紫苏、大蒜、橄榄油、盐、胡椒粉。
2　将上述材料放入榨汁机，搅碎后调制而成。

## 紫苏
## 明太子芝士卷

采用博多特产明太子制作而成。以猪五花肉卷起紫苏叶与切达芝士薄片和辣味的明太子。

**准备食材**

**1**

**1**
猪五花薄片上放上切成一半的紫苏叶。

**2**
紫苏叶上放上切成一半的切达芝士（薄片）和切成一口大小的明太子。

**3**
以切达芝士卷起明太子。

**4**
以猪五花肉卷起切达芝士。

**5**

卷完的状态。

## 穿串儿

**2**

**6**

穿入一根扦子，肉的开口朝内。

**7**

同样地在另一侧穿入一根扦子，两根扦子呈 V 字形，以便烤制以及食客手持。

## 烤制

**3**

**8**

用喷雾器喷点酒。放到烤架上，大火烤制。明太子本身就已经入味，因此不撒盐。

**9**

频繁翻面，避免切达芝士熔化。

**10**

火候过大容易导致切达芝士熔化，因此最后可以用手持喷枪单独加热猪五花肉。

**03**

# 牛油果
# 猪肉卷

面向女性顾客的菜品。由切成一口大小的牛油果裹上猪五花肉后烤制而成，浇上酸甜可口的新鲜番茄酱后食用效果更佳。

---

🔶 **准备食材** ————————————————

**1**

**1**

牛油果竖切成两半，挖去核。再斜切成两等份，去皮。

**2**

用切成一半的猪五花薄片卷起牛油果。

**3**

卷完的状态。

## 穿串儿

**2**

**4**

穿入一根扦子，保证两个牛油果距离较远，且五花肉的开口朝内。

**5**

同样地在另一侧穿入一根扦子，两根扦子呈 V 字形，以便烤制以及食客手持。

## 烤制

**3**

**6**

用喷雾器喷点酒，撒盐。放到烤架上，为了确保火候均匀，两个牛油果间要留有足够的距离，大火烤制。

**7**

五花肉呈焦黄色后翻面。

**8**

用剪刀剪掉烧焦的部分。

**9**

多次翻面，直至五花肉完全烤成焦黄色后完成烤制。

**10**

装盘，撒上黑胡椒和鲜番茄酱。

---

### 鲜番茄酱

1　番茄焯热水，除去皮和种子。

2　剁碎，滤去水分。

3　加入蒜末、橄榄油、盐、胡椒粉调制而成。

# 真鲷串

将新鲜的真鲷切成骰子形状做成的烤串。搭配熔化的黄油和香蒜酱、鲜番茄酱食用。

## ━ 准备食材·切肉 ━

**1**

1  准备一块真鲷肉。

2  用刀除去腹部的鱼骨。

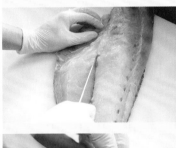

3  从中间两等份，切成两大块。

4  切成长 2cm 左右的骰子形状。

## 穿串儿

2

**5**

鱼皮一面朝上，穿成串。

**6**

穿完的状态。

## 烤制

3

**7**

用喷雾器喷点酒，撒盐。鱼皮朝下放在烤架上，大火烤制。

**8**

鱼皮焦脆后翻面。

**9**

继续炙烤两个侧面，保证4个面都能均匀烤制。

**10**

装盘，浇上熔化的黄油、鲜番茄酱（参照107页）、香蒜酱（参照103页）。

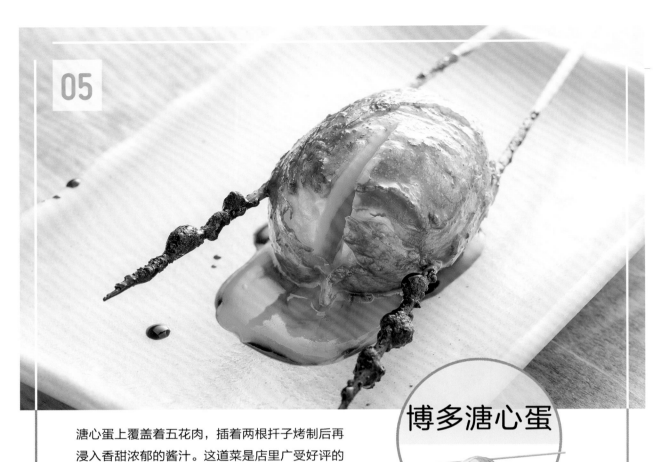

**05**

# 博多溏心蛋

溏心蛋上覆盖着五花肉，插着两根扦子烤制后再浸入香甜浓郁的酱汁。这道菜是店里广受好评的招牌菜之一。

**1**

## ◆ 准备食材

**1**

做好溏心蛋。

**2**

用猪五花肉卷起溏心蛋，要把蛋横向开始卷。

**3**

继续再卷一圈。

**4**

换个方向，用五花肉纵向卷起溏心蛋。

**5**

直到五花肉完全覆盖住溏心蛋为止。

---

🍢🍢 穿串儿 ————————————————————

**2**

**6**

从蛋侧面的五花肉穿过扦子，注意不要刺破鸡蛋。

**7**

另一侧也同样穿过一根扦子，两根扦子呈V字形。

---

🍢🍢🍢 烤制 ————————————————————

**3**

**8**

放到烤架上，大火烤制。五花肉变色后翻面。

**9**

烤至五花肉完全变色后浸入酱汁。

**10**

再放回烤架继续烤制。

**11**

⑨、⑩ 的步骤重复四五次后完成烤制。

---

## 酱汁

1　锅中加入九州酱油、料酒、砂糖、洋葱、胡萝卜、葱、大蒜、鸡精，煮 3h 左右。适当撇去浮沫。

2　过滤。

## 06

# 特制
# 鸡肉丸

以鸡肉末混合其他佐料捏成的肉丸做成的烤串。
这道菜外焦里嫩，是店里的招牌菜之一。

**1**

### ◀— 准备食材

**1**
准备鸡肉末、鸡肉软骨肉末、洋葱、鸡蛋、面包屑、大蒜、酒和盐。

**2**
将以上食材放入盆中揉压。

**3**
由内到外揉压肉馅，让鸡肉丸产生独特的嫩滑口感。

用力揉压

**4**
揉压15min左右后肉馅整体变白，产生黏性后完成食材的准备。

**5**

每个鸡肉丸约重68g。捏鸡肉丸前可以在手上涂一些芝麻油，方便捏丸子。

**6**

为了避免烤制时鸡肉丸散掉，两手尽量多揉搓几次鸡肉丸，挤出丸子里的空气，捏成球形。

**7**

丸子成型的状态。

**8**

用手掌把丸子捏成米袋的形状。

**9**

穿入两根较粗的扦子。

**10**

下端的肉馅捏成细长状，包住下方的扦子，整体呈倒水滴形。

—◀◀◀— 烤制 —————————

**2**

**11**

表面均匀撒盐，放到烤架上。

**12**

大火烤制，烤至表面焦脆时翻面。注意要频繁翻面，防止烤焦。

**13**

鸡肉丸呈焦黄色后完成烤制。

# 鸡腿肉

将肥美的带皮鸡腿肉切成大块后做成的烤串。外酥里嫩的口感让这道菜成为店里的人气菜肴。

1

## 🔻 准备食材·切肉

**1** 准备一块去骨的鸡腿肉（带皮），用吸水纸吸去多余的水分，用刀切掉肉筋。

**2** 切掉鸡腿根部的肉。

**3** 切成宽约 3cm 的肉块。

**4** 切成一口大小。

## 穿串儿

**2**

### 5
从鸡皮一侧穿入扦子。

### 6
扦子继续插入鸡腿肉。

### 7
扦子从鸡腿肉带皮的另一侧穿出。开始烤制后鸡腿肉会缩水，因此穿串时要让肉块紧致一些。

### 8
穿完扦子的状态。

## 烤制

**3**

### 9
用喷雾器喷点酒，撒盐。鸡皮一侧朝下，放到烤架上，大火烤制。

### 10
烤至鸡皮呈焦黄色后翻面。

### 11
鸡腿肉一侧呈焦黄色后移至铁丝网上，换中火烤制。

### 12
为了让侧面受热均匀，把烤串依次旋转90°，保证4个面都能烤熟。

### 13
插入一根小扦子确认是否已经烤熟，如果肉中间也熟了的话即可完成烤制。

# 白肝

这种串采用鸡的白肝（脂肪肝）制作而成。烤至焦黄色后，浇上芝麻油，撒上葱花后以烤肝的形式提供。

## ◆ 准备食材 · 切肉

**1**

**1**
准备一块鸡的白肝（脂肪肝），用吸水纸吸干多余的水分，切掉鸡心。

**2**
切掉顶端较硬的部分。

**3**
切成宽2cm的长方体。

**4**
过程中发现肉筋和血管要及时切掉。

**5**
处理好的状态。

**2**

—◖◗◖— 穿串儿 ——————————————————————

6

从白肝的顶端穿入
扦子。

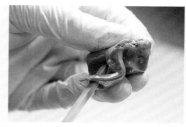

7

将肉块叠成波浪状继
续穿串。

8

穿入三四块白肝后，
调整肉串的形状。

**3**

—◖◗◖— 烤制 ——————————————————————

9

用喷雾器喷点酒，
撒盐。

10

放到烤架上，频繁翻
面，注意别让肉串烤
焦了。大火烤制。

11

用剪刀剪掉烤焦的
部分。

12

白肝不容易烤干，因
此可以持续烤制，直
至中心部分烤熟。表
面焦脆后即可完成烤
制。装盘，浇上芝麻
油，撒上葱花。

## 09

### 香菇猪肉卷

猪肉卷香菇的组合。烤至香脆后蘸上"Japone"酱汁搭配食用。

1 去掉香菇的蒂，将猪五花肉薄片切成两半。

2 用猪五花肉卷起香菇，肉片在香菇里侧交叉 。

3 将两个香菇猪肉卷穿在一起，中间可以夹一个狮头辣椒 。

4 用喷雾器喷点酒，撒盐，放到烤架上。五花肉呈焦黄色后翻面。

5 多次翻面，直至猪五花肉整体呈焦黄色。装盘，撒上黑胡椒和"Japone"酱汁 *。

* "Japone"酱汁。
  洋葱剁碎，加入甜酱油、米醋、葡萄籽油、石九公鱼碎、盐、胡椒粉制作而成。

A

B

## 10

### 杏鲍菇猪肉卷

竖切成三等份的杏鲍菇卷上猪五花肉制作而成的烤串。烤好后浇上凤尾鱼黄油，适合与白葡萄酒一同食用。

1 将大块的杏鲍菇掐去根部，竖切成三等份。

2 用猪五花肉薄片从杏鲍菇的顶部开始不留缝隙地卷起 ，最后用肉片盖住杏鲍菇底部。

3 从底部穿入扦子 。

4 用喷雾器喷点酒，撒上胡椒和盐。放到烤架上，烤至猪五花肉呈焦黄色。

5 装盘，浇上凤尾鱼黄油，摆上切好的柠檬。

C

D

**11**

## 带骨羊排

**12**

## 烤饭团

用带骨的仔羊肉制成的烤串。烤好后浇上红酒酱汁，是一道西式风味的烤串。

倒水滴形的饭团烤串。烤制过程中加入甜味的酱汁，烤好后浇上熔化的黄油，搭配苏子叶。

1 准备仔羊的羊排肉（带骨），用刀切去肉上的油脂**E**，每根骨头分为一块羊排肉。

2 从羊排肉的根部交叉着穿入两根扦子**F**。

3 用喷雾器喷点酒，撒盐。放上烧烤网，中火烤制。

4 烤至羊肉呈焦黄色后翻面，直至羊肉内部烤熟。拿根扦子扎下肉块，确认肉的内部是否烤熟了。烤熟后装盘，浇上红酒酱汁\*。

\* 红酒酱汁
砂糖熬成焦糖状，加入红酒，煮至水分只剩下一半，加入烤羊排的原汁调味。

1 将饭团捏成袋状，插入木筷。

2 双手将饭团捏成倒水滴形**G**。

3 放到烤架上，边烤边转动。

4 烤至焦黄色后浸入酱汁（参照 111 页），放回烤架。重复5~8 次这一操作，让饭团烤入味**H**。

5 整体呈焦黄色后铺上烤海苔，装盘，浇上熔化的黄油后放上苏子叶。

**E**

**F**

**G**

**H**

## Yakiton ZABU

铃木祐三郎在东京·涩谷开设的"Yakiton 大地"广获好评。2015 年 4 月，铃木又在青山绿地广场开设了同一系列的 ZABU 店。虽然从烤串店的角度来看，店内的定价相对较高，人均 6000 日元。但该店除了推出面向女性顾客的"小葱金枪鱼系列"外，还推出了许多单品。来店的顾客男女各半。

**店家信息**
东京都涩谷区涩谷 2-2-1 青山绿地广场 201
电　话：03-5778-3629
营业时间：17:00~24:00
休 息 日：周日·公共假期
人均消费：6000 日元
座 位 数：吧台 12 座、
　　　　　桌位 12 座、
　　　　　单间 12 座

## ABURI 清水 水道桥店

清水洋辅先生于 2008 年创立了"炭火居酒屋 清水 -ABURI"（东京·新桥，现为 ABURI 清水的总店）。目前，"清水"这个品牌旗下已有 7 家店铺。水道桥店于 2018 年 9 月开业。大串的杂碎烤串只卖 140 日元，价格十分优惠。在附近工作的公司员工经常光顾该店。

**店家信息**
东京都千代田区神田三崎町 2-13-7 AYASUIDOUBASHI 1 楼
电　话：03-6256-9818
营业时间：11:30-24:00、周五·公共假期前一天 11:30~ 次日 4:00（午饭营业时间：11:30~14:00）、周末·公共假期：12:00~24:00
休 息 日：无
人均消费：3500 日元
座 位 数：吧台 9 座、桌位 20 座、露天座位 12 座

## 博多烤串 HARENOICHI

2017 年 9 月于东京·浅草的商业街上开业。老板板木骏一是东京博多烤串界鼎鼎有名的"BASICS"公司旗下"JOUMON"的店长。烤串的菜品除了鸡肉、猪肉、牛肉外，还有猪五花肉卷果蔬等招牌菜肴。烤串占了店里食物销量的 7 成，主要顾客是当地居民。

**店家信息**
东京都台东区西浅草 3-12-8
03-6324-9438
营业时间：17:00~24:00（23:00 停止点单）
休 息 日：周二
人均消费：4300 日元
座 位 数：吧台 12 座、
　　　　　桌位 14 座

## 牛肉串 吉村

作为牛肉串专卖店，吉村 2017 年在大阪福岛开业，2018 年 11 月重新装修。这是以大阪市内为中心，同时经营周边餐饮店（株平井集团）的一家店。牛肉串包括很多不常见的部位，常备 20 道菜品。菜品为每串 25g 的小串，可以轻松地品尝各个牛肉部位。

**店家信息**
大阪府大阪市福岛区福岛 2-7-13
电　话：06-6345-1338
营业时间：18:00~ 次日 5:00（饮品停止点单时间为次日 4:30，菜品停止点单时间为次日 4:00）
休 息 日：无
人均消费：3500 日元
座 位 数：吧台 6 座、
　　　　　桌位 18 座

## 串烧 博多松介 春吉店

这是福冈当地的餐饮企业"O·B·U COMPANY"旗下的烤串店。"松介"品牌下目前有 5 家店铺。这家店铺以烤串配红酒为宣传卖点，从经典菜品到原创菜肴，提供多样化的烤串菜品。2007 年 7 月开业的春吉店的顾客主要是 40 岁以上的公司员工。

**店家信息**
福冈县福冈市中央区春吉 3-22-23 AMANO 大厦 1 楼
电　话：092-714-1444
营业时间：17:00~ 次日 1:00（24:00 停止点单）
休 息 日：无
人均消费：5000 日元
座 位 数：吧台 10 座、
　　　　　桌位 37 座